柳兰人工栽培技术
LIULAN RENGONG ZAIPEI JISHU

◎ 廖成松 等 著

中国农业科学技术出版社

图书在版编目（CIP）数据

柳兰人工栽培技术 / 廖成松等著 . -- 北京：中国农业科学技术出版社，2025. 10. -- ISBN 978-7-5116-7595-8

Ⅰ . S681.9

中国国家版本馆 CIP 数据核字第 2025AZ2711 号

审图号：GS 京（2025）1519 号

责任编辑	李冠桥
责任校对	王　彦
责任印制	姜义伟　王思文

出 版 者	中国农业科学技术出版社
	北京市中关村南大街 12 号　邮编：100081
电　　话	（010）82106632（编辑室）（010）82106624（发行部）
	（010）82109709（读者服务部）
网　　址	https://castp.caas.cn
经 销 者	各地新华书店
印 刷 者	北京捷迅佳彩印刷有限公司
开　　本	140 mm×203 mm　1/32
印　　张	1.75
字　　数	39 千字
版　　次	2025 年 10 月第 1 版　2025 年 10 月第 1 次印刷
定　　价	24.00 元

◆ 版权所有・侵权必究 ▶

《柳兰人工栽培技术》著者名单

主　著　廖成松　哈布尔　唐建国
副主著　唐　超　董书明　黎　明
参　著　陈志婧　何广礼　冯　伟
　　　　　　乌　兰　乌日娜　杜宝红
　　　　　　王智慧　都日娜　风　兰
　　　　　　翁　杰　刘利红

目录

1. 柳兰的分布 ··· 1
   1.1 国外 ·· 1
   1.2 国内 ·· 2
2. 柳兰的价值 ··· 3
   2.1 观赏价值 ··· 3
   2.2 药用价值 ··· 4
   2.3 生态价值 ··· 5
   2.4 其他价值 ··· 5
      2.4.1 工业价值 ··· 5
      2.4.2 食用价值 ··· 6
      2.4.3 饲用价值 ··· 6
3. 柳兰的形态特征和生物学特性 ································· 8
   3.1 形态特征 ··· 8
   3.2 生物学特性 ·· 8
      3.2.1 物候期 ·· 8
      3.2.2 开花习性 ··· 9

4. 柳兰的人工栽培技术 ············· 11

4.1 育苗技术 ················· 11

4.1.1 种子繁育技术 ············ 11

4.1.2 扦插育苗技术 ············ 11

4.1.3 分株繁育技术 ············ 13

4.1.4 压条繁育技术 ············ 14

4.1.5 组织培养技术 ············ 14

4.2 栽培管理 ················· 15

4.2.1 土壤改良 ··············· 15

4.2.2 移栽 ·················· 16

4.2.3 施肥管理 ··············· 16

4.2.4 田间管理 ··············· 17

4.3 柳兰高效栽培技术实例 ········ 18

4.3.1 一种柳兰野外穴播种植方法 ··· 18

4.3.2 一种野生柳兰人工培育方法 ··· 19

4.3.3 一种柳兰的仿野生生态种植技术 ··· 20

4.4 病虫害防治 ················ 22

4.4.1 叶斑病 ················ 22

4.4.2 褐斑病 ················ 23

4.4.3 叶腐病 ················ 23

4.4.4 软腐病 ················ 24

4.4.5 蚜虫 ·················· 24

5. 柳兰的开发利用前景 ············ 26

5.1 草原修复与生态旅游 ·········· 26

5.1.1 草原荒漠化修复 ……………………26
　　5.1.2 柳兰沟野生柳兰的"抢救性"修复 ……27
　　5.1.3 开发以柳兰为主题的生态旅游 ……27
　　5.1.4 矿山生态修复 ……………………28
　5.2 特色食品饮品开发 ……………………29
　　5.2.1 柳兰鲜花饼 …………………………30
　　5.2.2 柳兰花茶 ……………………………31
　　5.2.3 柳兰酒 ………………………………31
　5.3 柳兰化妆品开发 ………………………32
　5.4 柳兰保健品开发 ………………………33

6. 柳兰的相关科学研究进展 …………………35
　6.1 化学成分与药用机理 …………………35
　　6.1.1 化学成分 ……………………………35
　　6.1.2 药用机理 ……………………………36
　6.2 抗逆机制 ………………………………37
　6.3 栽培技术 ………………………………39
　6.4 遗传多样性 ……………………………40

参考文献 ……………………………………43

1. 柳兰的分布

1.1 国外

柳兰［*Chamerion angustifolium*（L.）Holub］为柳叶菜科柳兰属多年生草本植物，最早起源于美洲（Mosquin，1996），广泛分布于北温带与寒带地区，包括欧洲、小亚细亚东经喜马拉雅山脉至日本，高加索经西伯利亚东至蒙古国、朝鲜半岛以及北美洲等地区和国家（图1-1）。柳兰种群生长在多样化的环境中，在针叶林的开放和半开放生境中分布尤为广泛，甚至北极的苔原遮蔽处也有柳兰个体。

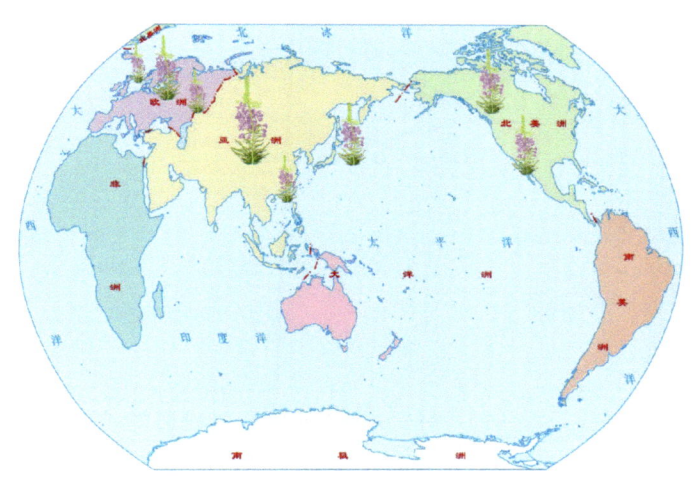

图1-1　世界柳兰分布

1.2 国内

柳兰属植物全世界仅有 4 种，我国仅分布有 1 种。Raven（1962）对柳兰的分布进行推测，认为柳兰可能从东、西两个方向独立扩散至我国的喜马拉雅山脉。我国柳兰主要分布于黑龙江、吉林、内蒙古、河北、山西、甘肃、宁夏、青海、新疆、四川西部、云南西北部和西藏（杨义波，2008；权曼曼等，2010）等地区（图 1-2）。柳兰主要集中在海拔较高的林缘、林间、山坡、草地、沟谷地区，常以小群落形式存在（王兵等，2013；李喜恩，2012）。此外，王同程（2022）利用 MAXENT 模型基于物种分布数据预测分析柳兰的潜在分布区域，结果显示柳兰的适生区主要在东北大兴安岭、长白山脉地区；华北太行山、吕梁山地区；西南横断山脉、昆仑山脉地区；西北祁连山脉等地区。

图 1-2　国内柳兰分布

2. 柳兰的价值

2.1 观赏价值

柳兰观赏价值极高，茎直立，不分枝，枝干呈红色，叶长披针形，全缘或具有锯齿，总状花序顶生，花序修长，花瓣为紫色，花色鲜艳，花朵秀美且花期长，花期贯穿夏季，是很好的夏秋两季观花植物（康健，2011）。柳兰极适宜作背景材料，可丛植于公园、广场、道路绿化带的花坛或花境中，是良好的鲜切花材料，也可布置于野生植物园点缀林缘、堤坝和路边，提升景观观赏价值（图2-1）。

图 2-1 柳兰花、茎、叶和花境

2.2 药用价值

柳兰是重要的中草药植物,据《中华藏本草》《中国大兴安岭蒙中药植物资源志》《青藏高原甘南藏药植物志》等药用植物志中记载,柳兰的全草可入药,其性平,味辛、苦,有小毒,主要用于治疗气虚浮肿、肠滑泄水、食积胀满、肾囊肿大、下乳、润肠止血等,尤其对跌打损伤、骨折等疗效显著(权曼曼,2010)。夏秋季割取全草,去泥土杂质,晒干即可。柳兰植株中富含三萜酸类、黄酮类、鞣质类、多元酚类等化学成分(图2-2),具有明显的抗菌作用。花中富含柳兰聚酚,为一种水溶性的毒性酚类聚合物,相对分子质量约100 000Da,具有抗肿瘤作用(余传隆等,1993)。柳兰叶提取物还具有抗炎作用,抗炎物质为杨梅素-3-O-β-D葡萄糖酸苷(Mccoll,2002;Hiermann et al.,1991),其酚性成分能抑制小鼠肿瘤生长(Spiridonov et al.,1997)。因此,柳兰作为中药材,具有良好的开发利用前景。

三萜酸类:熊果酸(ursolic acid)、齐墩果酸(oleanolic acid)、山楂酸(maslinic acid)

黄酮类:3-金丝桃苷(quercetin-3-O-β-D-galactoside)、扁蓄苷(quercetin-3-O-α-L-arabinoside)、槲皮素-3-O-(6'-O-没食子酰基)-β-D-半乳糖苷[quercetin-3-O(6'-O-galloyl)-β-D-galactoside]、槲皮素(quercetin)

鞣质类:3-O-没食子酰基-D-1葡萄糖(3-O-galloyl-D-glucose)、1,6-二-O-没食子酰基-β-D-吡喃型葡萄糖(1,6-di-O-galloyl-β-D-glucopyranose)、水杨梅丁素(gemin D)、英国栎鞣花酸(pedunculagin)、特里马素(tellimagrandin I)、虾子花素(woodfordin I)

多元酚类:1-O-没食子酰基-4,6-六羟基联苯甲酰基-β-D-吡喃型葡萄糖(1-O-galloyl-4,6-HHDP-β-D-glucopyranose)、1,6-2-O没食子酰基-β-D-吡喃型葡萄糖(1,6-di-O-galloyl-β-D-glucopyranose)、绿原酸(3-O-caffeoyl-quinic acid)、没食子酸(gallic acid)

图 2-2 柳兰主要化学成分

2.3 生态价值

柳兰是一种在园林绿化和水土保持中具有重要应用价值的植物。在园林绿化中，由于其植株较高，所以极适宜作为花境的背景材料，用来设计复层结构，提高景观环境质感，可用于公园花坛和花境、风景区规划、花草坪等。此外，柳兰地下根茎生长能力极强，根系发达且与土壤紧密结合，有效固坡，根蘖能力发达，区域内盖度高，密集茎叶有降雨截流、削弱溅蚀及抑制地表径流的功能，是具有重要水土保持作用的生态型多年生草本植物，可用于固土护坡（图2-3）、矿山修复、生态带种植等生态工程。由此可见，柳兰具有重要的生态价值，而且在园林绿化和水土保持方面具有广阔的应用前景。

图2-3　护坡修复前后效果对比

2.4 其他价值

2.4.1 工业价值

柳兰植株中的单宁，经过工业加工提取，做成栲胶，可广泛应用于工业加工。柳兰的茎皮含有坚韧的纤维，其纤维素含量较高（表2-1），可探索其天然纤维多样性和野生植物资

源方面的可持续利用。

表 2-1　柳兰常规营养成分与其他饲料植物对比　　单位：%

名称	粗灰分（Ash）	钙（Ca）	总磷（TP）	粗纤维（CF）	粗脂肪（EE）	粗蛋白质（CP）
柳兰（盛花期）	6.3	0.70	1.71	27.9	2.3	13.1
玉米（高蛋白质）	1.2	0.01	0.31	2.8	3.5	9.0
小麦	1.9	0.17	0.41	1.9	1.7	13.4
苜蓿（CP19% 盛花期）	7.6	1.40	0.51	22.7	2.3	19.1
高粱	1.8	0.13	0.36	1.4	3.4	8.7

注：参考 2024 年第 35 版中国饲料数据库。

2.4.2 食用价值

柳兰春季发出的十分幼嫩的茎叶，可作野菜食用，但因其含有单宁等物质，口感较涩，通常需要焯水以去除大部分涩味，然后即可凉拌、做汤或炒食。叶子晒干后可泡茶。茎髓可做浓汤。柳兰花期长，花蜜丰富，花朵密集，能分泌大量花蜜，吸引大量蜜蜂和其他授粉昆虫，因此其花蜜质地细腻，气味芳香，口感清甜，带有独特的花香，被认为是优良的蜜源植物（王虹等，1999）。

2.4.3 饲用价值

饲料是发展畜牧业的物质基础，随着我国畜牧业的快速发展，对饲料的需求量越来越大，饲料资源匮乏已成为制约我国畜牧业发展及影响生产效率的重要因素（郭勇庆等，2008）。

柳兰是一种药用价值、观赏价值、生态价值较高的多年生草本植物，可作为饲料资源应用开发，具有较大的市场潜力，能够增加地源性饲草种类及提高饲草品质。如表2-1所示，柳兰营养物质与玉米、小麦、苜蓿、高粱比较显示，其粗灰分和钙高于玉米、小麦、高粱；磷和粗纤维高于玉米、小麦、苜蓿、高粱；粗脂肪高于小麦；粗蛋白质高于玉米、高粱。由此可见，柳兰的粗灰分、磷、钙和粗蛋白质含量均较高，具有很大的饲料资源开发利用价值。

3. 柳兰的形态特征和生物学特性

3.1 形态特征

柳兰为多年生草本，株高 120～130 cm，地径 6.8～7.9 mm。根状茎粗长，圆柱形，节部膨大，外皮红褐色，有须根。茎直立，光滑无毛。叶螺旋状互生，近无柄，基生叶呈地下鳞片状，茎生叶披针形至狭披针形，长 10～20 cm，宽 1～2.5 cm，上面绿色，下面灰绿色，两面近无毛，边缘近全缘或稀疏小齿，稍微反卷。中脉凸起，有毛，侧脉羽状，明显，全缘。花序总状顶生，花序轴紫红色，被短柔毛；苞片狭条形，长 1～2 cm；花梗长 1～2 cm；花萼 4 裂，裂至近基部，条状倒披针形，长 1～1.3 cm，微带紫红色；花瓣 4，倒卵形，长 1.5～2 cm，顶端钝圆，基部具短爪，紫红色；雄蕊 8 枚，其中 4 枚较长；子房下位，花柱弯曲，柱头 4 裂。果为蒴果圆柱形，长 7～10 cm，密被白色柔毛，种子多数，顶端具 1 簇白色种缨，长 1.5 cm（图 3-1）。

3.2 生物学特性

3.2.1 物候期

柳兰一般萌芽期为 4—5 月，展叶期为 5 月中旬，花蕾期为 6 月下旬，始花期为 7 月上旬，盛花期为 7 月中下旬，末花期为 8 月中旬，种子成熟期为 8 月中下旬，果实成熟期为 9—10 月（图 3-2）。

图 3-1　柳兰的根、叶、花、果

图 3-2　柳兰物候期过程

3.2.2 开花习性

柳兰花生长于植株顶端，随着植株的生长，开花前期花芽形成于叶腋，形成无限总状花序。花蕾开始不断形成，叶片

逐渐变小退化，顶端花蕾不再生长发育。柳兰的单花序从下而上开放，单花序中下部已形成果实时，上部单花会继续开放（刘欢等，2020）。柳兰为两性花，单花期可持续3～5 d，单花开花过程分为4个时期。开花前期：花蕾下垂。过渡期：花冠逐渐展开，雄蕊排列成一圈包围雌蕊，雄蕊稍长于花柱，花柱小，此时不分泌花蜜。雄蕊期：8枚花药依次开裂散出由黏丝相连的花粉，雌蕊反折远离雄蕊方向伸长，在花药开裂的同时逐渐产生花蜜。雌蕊期：花丝变软弯曲，散粉结束后，雌蕊进一步伸长向上运动至花中部，同时柱头裂片展开并逐渐反卷，柱头接受花粉后，花柱逐渐萎缩，花冠闭合（邓婷婷，2020）。单株花序花期一般长达45 d，群花期长达40 d（图3-3）。

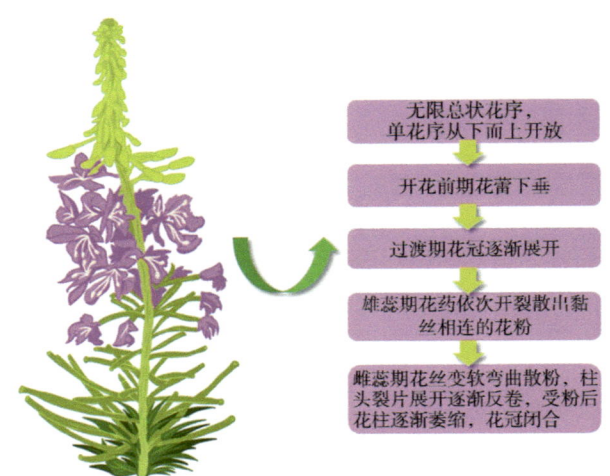

图3-3 柳兰开花过程

4. 柳兰的人工栽培技术

4.1 育苗技术

4.1.1 种子繁育技术

柳兰种子繁育（纪汉文，1992），在果实成熟后，采集种子经干藏处理后，翌年5月进行播种育苗为最佳时期。播种前将种子的种缨去掉，用温水浸种，浸种后放在发芽皿里，使种子保持湿润，将其在恒温箱催芽，温度25～30℃，5～7 d即可出芽。培养土用腐殖土、细沙、田园土，比例为3:1:1混合，填入播种箱里，整平浇透水后，将种子均匀撒在培养土上。因种子较小，必须浅播，播完后，上面薄薄地盖上一层土即可（图4-1）。播后放在向阳处，保持环境温度在20～25℃，当小苗出现6～7片真叶时移苗最佳，移苗株行距为3 cm×3 cm，5月下旬可在圃地定植，当年即可开花。

4.1.2 扦插育苗技术

柳兰扦插育苗（崔凯峰等，2006；钟双林等，2014）从春季至秋季均可，基质的配制可选取湿沙或在湿沙中掺入田园土和珍珠岩作为扦插基质，湿沙、田园土、珍珠岩的最适比例为10:7:3，也可选用泥炭土或泥炭土混合珍珠岩作为扦插基质，扦插效果会较好。扦插时，选择无病虫害嫩枝，剪成

10～15 cm 的插穗，插穗底端斜切，顶端平切，剪去下部入土的 2～3 片叶，再把上部大叶剪去一半以防扦插枝萎蔫，大叶留 3 片叶。插穗用 0.2% 高锰酸钾浸泡消毒 5～20 min，取出放入清水中浸泡 10～20 min，按株行距 10 cm×10 cm 进行扦插，插后浇透水（图 4-2）。

图 4-1　柳兰种子育苗

图 4-2　柳兰扦插育苗

4.1.3 分株繁育技术

分株繁育技术是一种简单、高效且成功率很高的无性繁殖方法，广泛应用于多年生草本植物。利用植物自然分蘖、产生根蘖、形成匍匐茎或地下茎（如根状茎、块茎、鳞茎、球茎、块根等）的特性，将一株丛生的母体植株分割成若干带有根系、芽点或茎干的独立小株，能保持母株的优良性状（吕寻，2004；张文杰等，2021）。柳兰分株繁育时将其地下横走根状茎挖出，采挖时防止伤根，按照个体数量进行分割，栽入地中，即可长成新植株。分株后需定期浇水保持土壤湿润（图4-3）。

图 4-3 柳兰根蘖

4.1.4 压条繁育技术

柳兰压条一般在 6 月，正处于生长旺盛期。柳兰压条可使用普通压条法和波状压条法。

普通压条法：选用靠近地面且向外伸展的枝条，先进行扭伤、刻伤处理，弯入土中，使枝条端部露出地面。为防止枝条弹出，可在枝条下弯部分固定后盖土压实，生根后切割分离。

波状压条法：柳兰枝条长而容易弯曲，将枝条弯曲牵引到地面，在枝条上刻伤，将每一伤处弯曲埋入土中固定。当刻伤部位生根后，与母株分别切开移植。

4.1.5 组织培养技术

组织培养（Tissue Culture）是在无菌环境中，将植物器官、组织、细胞置于人工培养基上，使其再生完整植株的技术（图 4-4）。研究表明，植物细胞组织培养能够有效降低外部自然环境对植物生长的影响，保护植物物种资源，获得优质品种，确保其遗传多样性（文天崇等，2024）。此外，通过植物细胞组织的扩大培养能够批量生产植物次生代谢产物，满足医药、食品和化妆品等行业的工业生产需求（Efferth et al., 2021）。

为建立柳兰的组织培养技术体系，为柳兰野生花卉资源的保护和开发利用提供理论和技术支持，张文杰等（2024）以柳兰植株为基础试验材料，分别选取柳兰的叶片、叶柄、嫩茎和根 4 个器官组织，筛选出柳兰组织培养最佳的外植体，以MS 或 1/2 MS 为基本培养基，添加不同浓度的激素。结果表明，柳兰初代培养最佳的外植体为嫩茎，最适腋芽萌发培养基为 MS+6-BA（6-苄氨基嘌呤）0.5 mg/L+NAA（α-萘乙酸）0.1 mg/L；腋芽增殖最适培养基为 MS+6-BA 1.5 mg/L+NAA 0.1 mg/L；最佳的生根培养基为 1/2MS+NAA 0.1 mg/L。

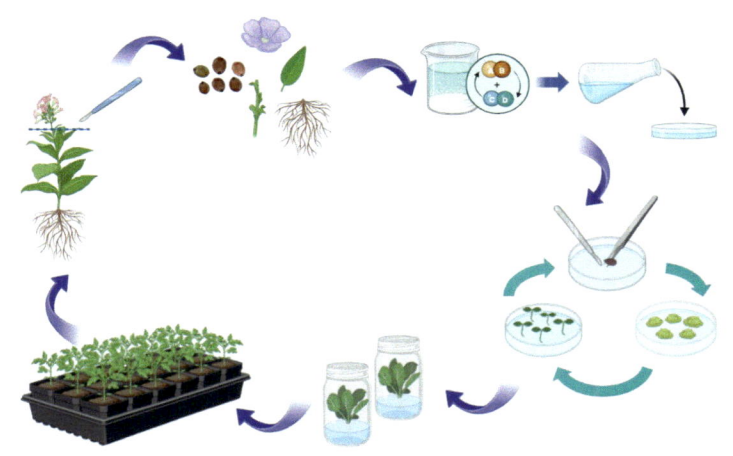

图 4-4　柳兰组织培养育苗流程

柳兰组织培养可实现柳兰优良种苗的规模化生产，能以较少的外植体、在较短的时间内获得大量生长一致、健壮的种苗，减少对柳兰野生资源的破坏，并大大节约生产成本，从而为柳兰遗传转化，创新育种发展提供科学技术支撑。

4.2 栽培管理

4.2.1 土壤改良

土壤是植物生长发育所需绝大部分营养元素的来源，在栽培条件下，补充营养元素的主要方式是施肥，肥料的种类、施用量及施用时期对柳兰的正常生长发育具有很大影响。土壤

一般在翌年3月上旬开始解冻，柳兰播种前需要对土壤进行深翻，破碎土块，使土质细腻且均匀。为增加土地肥力，可选用磷酸二氢铵作为基肥，最后进行土壤杀菌消毒，然后浇灌足够的水分，使土壤保持湿润状态。

4.2.2 移栽

移栽是为了提高幼苗的营养面积、通风和透光条件，促进侧根发育，形成发达的根系，有利于吸收充足的养分，促进幼苗的生长发育。

柳兰移栽可以包括两个步骤：起苗和定植（邢震等，2011）。移植时间宜在实生幼苗高5~6 cm、叶片有5~6片时。挖掘幼苗，起苗步骤主要针对种子繁殖的实生苗。柳兰裸根起苗时小苗带土锹起，然后将根部附着的土块轻轻抖落，勿将细根拉断或使其受伤，随即进行栽植。栽植前根系避免长时间强暴露于烈日光或强风中，否则影响成活率。柳兰的定植可用沟植法和穴植法。沟植法是按一定的行距开沟栽植，柳兰以行距15~20 cm、行宽1.2 m、深度3 cm为宜。穴植法是按一定的株行距挖穴，柳兰栽植以株距为15 cm，行距为20 cm，行宽1.2 m，深度3 cm为宜（图4-5）。定植后，浇透水一次，3 d后浇透水一次，7 d后再浇透水一次，以保证根系与土壤充分接触，并保持土壤水分充足。

4.2.3 施肥管理

柳兰施基肥以有机肥为主（姜韬等，2012）。在播种和移栽当年真叶长出后，用1000倍的尿素液喷于叶面，15 d一次，直到起苗移栽。移栽成活后，每15 d喷施一次尿素液，共喷施2次，喷于叶面。花芽分化期，花前追肥以氮肥为主。柳兰花期长，为延长花期，开花期间可使用尿素和磷酸二氢钾配液（配比为1:2）喷施于植株。花后追肥，以提高种子质量。

图 4-5　柳兰移栽过程

4.2.4 田间管理

柳兰移栽后的田间管理对新苗生长发育非常重要，需及时除草、灌溉、追肥，避免水分、养分的消耗。

除草：柳兰新苗出土后除草一次，周边杂草全部除去。此后根据杂草的生长情况，进行2～3次除草的工作。

灌溉：播种后浇透水，根据土壤墒情进行浇水，保持播种后的土壤湿润。

追肥：柳兰抽薹期为追肥最佳时期，柳兰苗长到10 cm高时，可以进行中耕追肥和除草壮株。追肥应选择磷肥、钾肥，以保证花期按时到来。一般使用含氮磷二元复合肥，促进柳兰现蕾开花。此期需肥量较大，可喷施"富尔655"或0.1%尿素水溶液。为了防止倒伏现象出现，在6月中旬，可在畦面

培土加固，用绳将畦床与四周立柱固定。7—8月柳兰进入盛花期，对其喷洒0.1%磷酸二氢钾水溶液或0.2%～0.3%硫酸亚铁溶液叶面肥。在夏季天气较为炎热的时期不要施肥，针对已经出现花蕾、花葶的花卉也不应施肥，以免出现"烧花"现象。肥水对柳兰在生命旺盛期是非常重要的，所以除了按时喷洒肥料外，浇水的水质也应有所调制，观赏性较强的花应尽量减少使用含盐、碱较多的水，否则会造成叶面褐斑。应选择软水或放置1～2d的水（姜韬等，2012；何桂芳等，2011）。

4.3 柳兰高效栽培技术实例

4.3.1 一种柳兰野外穴播种植方法

（1）选地：选择光照条件较好的地块，土壤质地疏松，保水力较好的壤土或沙质壤土，以黑钙土或黑栗钙土为佳，坡度<30°最好。

（2）打孔：采用植树挖坑机进行打孔，直径15～20 cm，深度30～40 cm。

（3）施底肥：在打好的孔底部施入有机肥300～500 g，或有机–无机复合肥100～200 g，然后覆土5～8 cm。

（4）下种苗：将3年以上柳兰地下根茎切成与孔直径一致的长度，根茎上有≥3个芽点，将根茎插入土壤中，芽点朝上。

（5）覆土：覆土厚度至距芽点顶端3～5 cm，用脚压实顶部土壤，距离地面预留一定距离的空隙，以3～5 cm为宜。

（6）浇水：种植坑中进行灌溉，用水填满预留空隙2次以上。

（7）田间管理：包括中耕除草、灌溉、追肥等。

中耕除草：柳兰新苗出土至株高5 cm，除草一次，清除孔周边半径 10～15 cm 内杂草。

灌溉：柳兰新苗出土至蕾期，土壤含水量低于 15% 时灌溉，浇水浇透至地面下 30 cm。

追肥：柳兰抽薹期为追肥最佳时期，结合田间灌溉追施氮磷钾复合肥 10～20 kg/亩[①]，氮磷钾比例为 2∶1.5∶2。

以上方法解决了柳兰野外种植地块不能耕翻、除草难度大、成活率低的问题，是一种免耕穴播种植技术。利用以上方法，柳兰的成活率为 85%～90%。

4.3.2 一种野生柳兰人工培育方法

（1）种子消毒：播种前将脱粒完成的种子用浓度为 10% 的 H_2O_2 溶液浸泡 15 min，再用蒸馏水冲洗 3～5 遍，继续放入蒸馏水中持续浸泡 48 h，其间不定时搅拌，间隔 6～8 h 更换一次蒸馏水。适宜温度为 25℃ ±2℃。

（2）基质消毒：将育苗基质（河沙∶田园土∶蛭石＝15∶55∶30）中的小石子等杂质剔除后，放入普通蒸汽灭菌锅中，121℃持续 40 min，之后晾至常温备用。

（3）点种：柳兰育苗采用漂浮育苗技术。将 108 孔漂浮盘（外形尺寸 660 mm×340 mm×50 mm）填满灭菌之后的基质，稍微压实一些，之后使其漂浮于配制好的营养液中。待基质浸透营养液之后，方可点种。由于柳兰种子极小且极易聚拢在一起，为顺利完成种子相互分离以及方便计数，因此使用移液器进行点种，点种时将枪头顶部剪去一小部分，便于吸取种子。每孔点入 3～5 粒种子，完成后在漂浮盘上覆 0.5～1 cm 的薄土，避免种子裸露在外，以促进种子萌发。

---

① 1 亩约为 667 m^2，全书同。

（4）出苗管理：点种完成之后加盖遮光板进行黑暗处理，并保持良好的通风，保证室内温度在 25～30℃。一般 24 h 之后种子开始萌发，育苗盘孔穴出苗率达到 50% 时去掉遮阳板。一个孔内聚集生长的苗子须及时分离，以利于苗子的后期生长。之后，对漂浮盘进行干湿交替处理，在营养液中浸透后拿出放置 24 h 再放入营养液浸透，以此循环，确保基质中养分、水分、氧气的充足。营养液每 7～10 d 更换 1 次，如发现育苗盘周边或基质表面出现绿藻，及时更换。

（5）间苗及苗期养护：待柳兰小苗长出 4 片以上真叶时，间苗至花盆，尽量带土移栽避免伤根。花盆中土壤（含沙量 15%）与蛭石配比为 6∶4（体积比）。间苗后放入人工气候室培育，注意及时浇水。人工气候室环境参数设置如下：温度为光照条件下 30℃，黑暗条件下 20℃；湿度为 60% RH（相对湿度），恒湿；CO_2 浓度为 300mg/L；通风每 30 min 开启一次，每次开启 10 s；光照时间 16 h，黑暗时间 8 h。

（6）室外移栽：依据各地气温条件，每年 4—6 月，尽量挑选光照不太强烈的天气，并选取长势较健壮的幼苗进行室外移栽。移栽前 3～5 d 对人工气候室的幼苗进行"炼苗"处理，即每天从室内转移到室外，进行光照、温度等气候条件的适应性训练。移栽前浇足水，室外裸地需深耕松土、施足基肥，之后按照行距×株距＝30 cm×30 cm 带土进行移栽，为提高幼苗移栽成活率，移栽后浇透水并遮阳 2～3 d。

应用此方法，种子萌发率、成苗率、移栽成活率较高，育苗周期缩短，幼苗的均一性、整齐度均有显著提高。

4.3.3 一种柳兰的仿野生生态种植技术

（1）种子处理：种子变温处理 3～5 d，白天 30℃±2℃，夜间 15℃ ±2℃。

（2）穴盘育苗：变温处理后的种子点播到漂浮育苗盘中，每穴 2～3 粒，育苗基质中泥炭：珍珠岩：园艺蛭石：河沙的质量比为 5:2:1:1，播种后放入育苗大棚中。

（3）移栽前炼苗：出苗长至 6 片真叶时，开始炼苗，早中晚分别将育苗盘从大棚移至室外各 1～1.5 h，持续 5～7 d。

（4）炼苗后剪叶：将炼苗后的幼苗进行剪叶处理，除 2 片顶叶外，其他真叶每片剪掉 2/3。

（5）幼苗移栽：室外最低温度 ≥ 10℃时，进行幼苗移栽，移栽之后浇透水。

利用该种植方法，柳兰种子的萌发率为 70%，柳兰的幼苗成活率为 90%（图 4-6）。

图 4-6 高效栽培技术流程

4.4 病虫害防治

植物病虫害对于植物的生长和发育具有很大的影响,可能会破坏植物的组织结构,影响植物的光合作用,导致植物生长缓慢,甚至死亡。同时,植物病虫害会降低人类生活环境质量。因此,防治病虫害对于植物建立稳定的生态群落(傅金红,2024;于成文等,2013),营造良好的生态环境具有重要意义。

柳兰常见病虫害有叶斑病、褐斑病、叶腐病、软腐病、蚜虫等,如图4-7所示。

症状	图示	诊断	措施	效果
叶片边缘初现黑褐色小圆斑,逐渐扩大或融合成不规则大斑块,边缘略微隆起,终致全叶直至枯死		叶斑病	发病初期摘除病叶并喷药,防止蔓延。药物:用菌必克植物有害菌/源营养液,间隔3~7d直喷叶面;"83增抗·杀菌剂"兑2.5~3.5 L水,每7d喷施,连续3次	"83增抗·杀菌剂"较为有效,起到防治作用
叶片上现椭圆形、长条形浅红褐色病斑,周围具褪绿圈,后扩大成不规则的大斑块,病斑上产生黑点		褐斑病	发病初期喷药并摘除病叶片。药物:菌必克植物有害菌/源清理剂,每3d喷施一次;多菌灵可湿性粉剂300~600倍液,每5~7d喷施一次	菌必克植物有害菌/源清理剂、多菌灵可湿性粉剂可有效控制病情,防效显著
叶片初现水渍状湿腐斑,逐渐扩大成不规则形病斑,病斑呈灰绿色,病斑蔓烂快,终致全株腐烂死亡		叶腐病	发病初期及时喷药防治。药物:多菌灵可湿性粉剂300~600倍液,每5~7d喷施一次	较为有效,能起到防治作用
叶片发病时,初现水渍状圆形或椭圆形灰白色小斑点,病斑迅速扩大,连成片,表面失去光泽、皱褶,渐转褐变,严重时呈褐色软腐状下垂腐烂		软腐病	发病初期摘除病叶并喷药,防止蔓延。药物:多菌灵可湿性粉剂300~600倍液,每5~7d喷施一次	多菌灵可湿性粉剂较有效
叶片背面密集群居黑色蚜虫,致叶片卷缩,茎叶发黑至全株枯死		蚜虫	1.8%阿维菌素乳油;25%高效氯氟菊酯水乳剂;25%火幼脲3号悬浮剂1500倍液	效果一般

图4-7 柳兰温室盆栽常见病虫害及其防治措施

4.4.1 叶斑病

叶斑病是一种真菌性病害,主要侵染植物的叶片,导致叶片出现斑点，病情严重时甚至会导致植物死亡（吴双等，2023）。

柳兰叶斑病症状：叶片边缘初现黑褐色小圆斑，逐渐扩大或融合成不规则大斑块，边缘略微隆起，终致全叶直至枯死。

措施：发病初期摘除病叶并喷药，防止病害蔓延。

药剂使用："83增抗·杀菌剂"兑2.5～3.5 L水，每7 d喷施，连续3次。

效果："83增抗·杀菌剂"较为有效，起到防治作用。

4.4.2 褐斑病

褐斑病主要是由立枯丝核菌引起的一种真菌病害。受害叶片和叶鞘上出现梭形、长条形，形状不规则病斑，严重时导致植物枯死（韩伟，2023）。

柳兰褐斑病症状：叶片上现椭圆形、长条形浅红褐色病斑，周围具褪绿圈，后扩大成不规则的大斑块，病斑上产生黑点。

措施：发病初期喷药并摘除染病叶片。

药剂使用：防治用菌必克植物有害菌/源清理剂，每3 d喷施一次；多菌灵可湿性粉剂300～600倍液，每5～7 d喷施一次。

效果：菌必克植物有害菌/源清理剂、多菌灵可湿性粉剂可有效控制病情，防效显著。

4.4.3 叶腐病

叶腐病是一种能引起叶片、叶柄腐烂的病害，在高温高湿环境下易发生，严重时整个受害组织变褐色并坏死（邬张颖

等，2020）。

柳兰叶腐病症状：叶片初现水烫状湿腐斑，逐渐扩大成不规则形病斑，病斑呈灰绿色，病斑蔓延快，终致全株腐烂死亡。

措施：发病初期及时喷药防治。

药剂使用：多菌灵可湿性粉剂 300～600 倍液，每 5～7 d 喷施一次。

效果：较为有效，能起到防治作用。

4.4.4 软腐病

软腐病主要是由细菌和真菌引起的植物病害，可使植物的组织或器官发生腐烂。病菌为弱寄生菌，主要为害植物的多汁肥厚的器官（冯道等，2024）。

柳兰软腐病症状：叶片发病时，初现水渍状圆形或椭圆形灰白色小斑点，病斑迅速扩大，连成片，表面失去光泽、皱褶，渐转褐斑，严重时呈褐色软腐状下垂腐烂。

措施：发病初期摘除病叶并喷药，防止蔓延。

药剂使用：多菌灵可湿性粉剂 300～600 倍液，每 5～7 d 喷一次。

效果：多菌灵可湿性粉剂较有效。

4.4.5 蚜虫

蚜虫是植物的主要害虫之一，成虫和若虫在植株顶叶、嫩叶和嫩茎上刺吸汁液，受害叶片叶绿素消失，形成鲜黄色的不规则形的黄斑，而后黄斑逐渐扩大，并变成为褐色（王楠，2017）。

柳兰蚜虫为害症状：叶片背面密集群居黑色蚜虫，致叶片卷缩,茎叶发黑至全株枯死。

药剂使用:1.8%阿维菌素乳油;25%高效氯氟氰菊酯水乳剂;25%灭幼脲3号悬浮剂1500倍液。

效果:效果一般。

5. 柳兰的开发利用前景

柳兰作为多年生草本植物，在园林绿化和水土保持中起到非常重要的生态保护作用。在园林绿化设计中，由于柳兰植株较高，花穗长而大，花色艳美，花朵秀美，花期长，可在公园花坛、风景区规划、花草坪等中配置应用。开花时就是一片紫色花海，具有极高的观赏价值。此外，柳兰地下根茎生长能力极强，根系发达，与土壤结合紧密，能有效固坡；根蘖发达，区域内盖度高，密集茎叶有降雨截流、削弱溅蚀及抑制地表径流的功能，是具有重要水土保持的生态型多年生草本植物，可应用于固土护坡、矿山修复、生态带种植等生态工程。因此，柳兰具有重要的生态、经济和社会价值，在园林绿化和水土保持方面具有广泛的开发潜力。

5.1 草原修复与生态旅游

5.1.1 草原荒漠化修复

随着人们过度利用草原资源，加之气候干旱少雨、鼠害蝗灾频发，草原上出现严重的退化沙化，部分区域开始出现零散分布的风蚀坑，并呈逐年蔓延扩大的趋势，草原生态修复治理已经迫在眉睫。柳兰作为多年生草本植物，地下根茎生长能力极强，侧生根发达，具有良好的抗旱、抗寒特性，是重要的水土保持植物。柳兰对草原修复有很好的适应性，在草原修复中,可将其作为先锋植物,有效提升草原生物多样性,形成特色景观,打造草原生态修复的典范案例。

5.1.2 柳兰沟野生柳兰的"抢救性"修复

针对柳兰沟野生柳兰逐年退化、面积不断缩减的现状,对其进行人工干预,综合运用土壤改良、柳兰栽培补植、水肥一体化等技术,全面修复受损野生柳兰,持续扩大野生柳兰种群数量和面积,达到"抢救性"的修复目的(图5-1)。

图 5-1 柳兰沟盛花期柳兰

5.1.3 开发以柳兰为主题的生态旅游

主题生态旅游是一种将自然探索、环境保护、文化体验和休闲放松相结合的旅行方式。例如,针对锡林郭勒盟旅游资源匮乏的现状,尤其是生态旅游景点稀缺,千篇一律的天然草原风光易使游客产生审美疲劳,充分利用柳兰极佳的观赏价值,打造以柳兰为主的草原"花海",挖掘生态旅游潜力,与农牧业相结合,不断拓展农旅、牧旅项目,持续提升旅游体验。特色景观体现了其与环境、绿化、人文之间的相互关系。开发以地方特色物种为载体,配合园林景观绿化形成的现代环

境艺术设计（陈蕊，2014），让本地旅游具有不同于其他地区的可识别性和吸引力，打造出"生态—文化—旅游—康养"融合发展的特色景区（图5-2）。

图 5-2 "生态—文化—旅游—康养"融合发展的特色景区

5.1.4 矿山生态修复

矿山生态修复是践行"绿水青山就是金山银山"理念的关键行动，其意义远超环境治理本身，是维系生态安全、推动可持续发展、保障民生福祉的重要举措。柳兰为多年生草本植物，地下根茎生长能力极强，是重要的水土保持植物，具有良好的抗旱、抗寒特性。在大面积矿山公园、矿山景观长廊打造中，将其作为主打植物，打造复层结构的植物景观，有效提升矿山公园或景观长廊的园林绿化水平，形成特色景观。

按照国家绿色矿山建设的总体要求，结合锡林郭勒盟境内矿山生态修复的实际需求，将柳兰作为矿山生态修复的"先锋"植物，提供以柳兰为主的矿山生态修复方案，助力绿色矿山建设。2023年校企合作顺利实施"胜利能源2023年柳兰花引种栽植"项目，在锡林郭勒盟胜利一号露天矿部分区域开展土壤改良、栽植柳兰工程，引种栽植实施面积76000 m^2，成活率达到90%以上，有效发挥柳兰降雨截流、削弱溅蚀及抑制地表径流的功能，筑牢祖国北疆防风固沙、保湿培土的"绿色屏障"（图5-3）。

图5-3　矿山修复前后效果对比

5.2 特色食品饮品开发

除了观赏价值、药用价值、生态价值之外，柳兰还具有较高的食用价值，可开发为柳兰鲜花饼、柳兰花茶、柳兰酒等特色食品和饮品。

5.2.1 柳兰鲜花饼

随着生活水平的逐步提高,人们对更有吸引力的美食的需求越来越大,对食品营养和美学的追求也越来越高(任伊,2023)。从营养价值看,花作为植物的生殖器官,其营养比蔬菜更高,也符合当下高品质生活的需求。鲜花与美食都是生活中的美好事物。柳兰花是无限花序,而且花量大,其花具有丰富的活性成分,在制作鲜花饼中,是非常适合用于制馅的食材。

花卉产品中鲜花饼的历史悠久,因而鲜花饼颇受民众的喜爱(权春梅等,2023)。柳兰花盛开时,将鲜花采回来并及时处理,经过多日晾晒后,花瓣逐渐变成干花,按照工艺配方流程(采摘—制馅—饼皮制作—烤制)制作出具有地方特色的柳兰鲜花饼(图5-4)。

图 5-4 柳兰鲜花饼

花卉食用虽然历史悠久,但未形成主流,因此目前开发的花卉种类以及制作的产品品类十分有限。柳兰花兼具观赏与食用价值，开发利用潜力巨大。发展柳兰产品加工，既能增强游客体验，又能延伸产业链，提高经济效益，带动乡村旅游、助力乡村振兴。

5.2.2 柳兰花茶

我国是茶叶大国，花茶作为一个特色茶类（安会敏等，2024；朱慧颖等，2023），在茶叶市场中占据一定的份额，资源丰富且开发潜力巨大（倪昌谋，2024；李红蝶等，2024）。

随着生活水平的提高，人们越来越重视健康管理。我国花茶的种类较多，常见的有茉莉花茶、菊花茶、玫瑰茶、桂花茶等。花茶具有较高的保健功效，也是诸多茶饮爱好者的首选。柳兰花茶是一种新兴花茶种类之一，其外观、香气、滋味等品质均具备优质花茶的特点，且具有较高的保健功效，如消炎、润肠、调经活血等。因此，柳兰花茶产业具有广阔的发展前景（图5-5）。

图 5-5　柳兰花茶

5.2.3 柳兰酒

柳兰酒是以柳兰为原料酿制的酒，色泽清澈透明，口感醇厚甘甜，富含多种对人体有益的微量元素，被誉为"草原的

液体黄金"。柳兰酒的制作工艺复杂而独特，需要经过采摘、晾晒、浸泡、发酵等多个环节，每一个环节都需要精心操作，才能保证产品的最终品质。正因其独特性和稀缺性，柳兰酒成为草原地区的一张特色名片。除了其独特的风味和营养价值，柳兰酒还蕴含着丰富的文化内涵。在草原人民心中，柳兰酒不仅是一种饮品，更是一种文化的象征，代表着他们对生活的热爱和对自然的敬畏。

柳兰酒，一杯来自草原深处的独特佳酿，它是大自然的馈赠，也是人类智慧的结晶。让我们一同品味这杯柳兰酒，感受那份源自草原的淳朴与热情，领略那份属于内蒙古的独特魅力（图5-6）。

图5-6　柳兰酒

5.3 柳兰化妆品开发

"爱美之心人皆有之"，人类对美化自身的化妆品自古以

5. 柳兰的开发利用前景

来就有持续不断的追求。植物中抗真菌的活性成分主要为酚类、生物碱、黄酮类、萜类等。这些活性成分可以靶向作用于线粒体，通过诱导活性氧积累、抑制ATP（腺苷三磷酸）合成和质子泵，破坏线粒体呼吸和代谢系统，从而抗真菌（柳婧璇等，2024）。因此，植物原料在化妆品开发中的应用十分广泛，能更好地维持皮肤健康。

柳兰富含黄酮类、鞣质类、多元酚类、三萜酸类等化合物，具有明显的抗菌作用，还含有多种维生素和矿物质，可以提高皮肤的免疫力和保湿能力，对皮肤抗衰老、抗氧化有良好的效果（图5-7）。此外，柳兰花还具有淡化色斑、消除疲劳、舒缓情绪的功效，可以帮助女性保持年轻的容颜。

图5-7　柳兰化妆品

5.4 柳兰保健品开发

中医利用柳兰根状茎或全草入药，夏秋季割取全草，去

泥土杂质，晒干即可，其性平，味辛、苦。柳兰有调经活血、消肿止痛的功效，因含有大量纤维素还能让人有很好的饱腹感。同时，可以刺激胃肠，预防和医治便秘。近年来的研究结果表明，柳兰乙醇提取物能显著降低 2 型糖尿病大鼠空腹血糖水平，并且对胰岛细胞有保护作用（Liao et al., 2022），因此深入研究后可以开发成相应的降糖产品用于调控糖尿病患者血糖水平。此外，柳兰还可以通乳生乳，增加泌乳量。因此，充分利用柳兰的药用价值，开发相关药品或保健产品，前景广阔（图 5-8）。

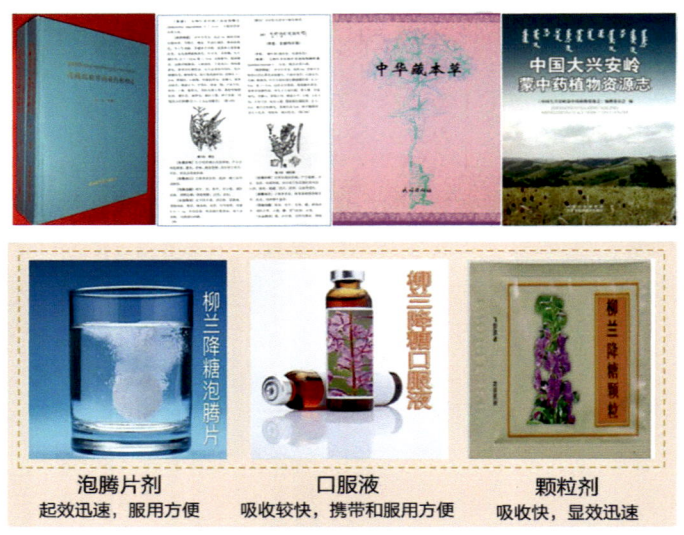

图 5-8　药用植物志中柳兰药用价值记载及拟开发的降糖保健品

6. 柳兰的相关科学研究进展

近年来,随着多学科交叉研究的深入,柳兰的化学成分与药用机理、抗逆机制、栽培技术、遗传多样性等方面均取得了显著进展。

6.1 化学成分与药用机理

6.1.1 化学成分

柳兰的化学成分研究主要集中在黄酮类、酚酸类、萜类及脂肪酸等次生代谢产物(韩阳阳等,2023)。

韩阳阳等(2021)利用不同提取溶剂对柳兰化学成分的影响研究中发现,蒸馏水、70%乙醇、无水乙醇、乙腈、乙酸乙酯、正丁醇和石油醚7种不同溶剂的柳兰提取液中化学成分共有57种,主要为脂肪酸、酚酸类、黄酮类及醇类四大类化合物,含量最高的均为脂肪酸。此外,在对不同生长期柳兰的研究中发现凝集素的活性(Abudayeh et al., 2016),用布拉德福德分析法测定提取物中蛋白质的含量,结果显示,柳兰芽期凝集素蛋白含量最高。刘爽等(2016)用95%乙醇提取柳兰根茎,经过分离纯化鉴定出一种新的异香豆素,命名为柳兰内酯甲素。另外,在柳兰内生细菌 *Talaromyces marneffei* 中发现一种去甲双沙泊烷及一种阿拉伯醇苯甲酸酯(Yang et al., 2022)。庹云合等(2025)在柳兰内生真菌(*Chaetomium globosum*）的化学成分研究中分离出 1 株球形毛壳菌，该菌株发酵液对磷脂酰肌醇 3- 激酶（PI3K）有抑制作用，其化学成分为 8 个化合物。研究结果表明，化合物 6 表现出对 PI3K 的抑制活性，8 个化合物中，化合物 4、化合物 6、化合物 7 为首次从该属真菌中分离。此外，张金魁等（2022）从藏药材柳兰乙醇提取物的乙酸乙酯萃取物中分离得到 11 种黄酮类成分。其中，化合物 1 为首次从柳兰中分离得到，化合物 7、化合物 9、化合物 10 为首次从柳叶菜科植物中分离得到。以上研究成果为柳兰的进一步药用开发提供了重要参考。

6.1.2 药用机理

柳兰具有消炎抗菌功效，其富含的花青素具有抗氧化作用，其提取物更可用于治疗高血压、心力衰竭、糖尿病合并高血压等疾病，还通过抑制细胞迁移增殖并诱导细胞程序性死亡发挥抗肿瘤作用，同时具有保护神经等作用（廖成松等，2016）。此外，柳兰提取物具有抑制细菌和真菌生长、抗氧化和抗老化、抑制细胞增生及促进伤口愈合等多种药理作用。

Liao 等（2022）对柳兰乙醇提取物在体内以及在链脲佐菌素（STZ）诱导的 2 型糖尿病大鼠中的作用进行了探究，研究表明，柳兰的乙醇提取物对 2 型糖尿病小鼠具有显著的降血糖作用，柳兰乙醇提取物可用于 2 型糖尿病的治疗。Kamkin 等（2022）药用植物治疗和预防 COVID-19 中的疗效比较分析中发现，柳兰在 9 种药用植物中表现出最具潜力的特性，药理作用最强，其治疗功效可缓解 COVID-19 感染的 18 种症状。

Ivanauskas 等（2023）对乌克兰柳兰不同花期植株中的多酚类和三萜化合物进行了定性和定量分析，并从中鉴定出 13

种多酚类化合物和 7 种三萜化合物；研究还发现，开花后期多酚含量最高，多酚形态最好，柳兰植株中最重要的多酚类化合物是绿原酸、金丝桃苷、异槲皮素和月见草素 B；三萜化合物在盛花期含量最高，主要代谢物为科罗索酸和熊果酸。分析结果表明，柳兰中许多代谢产物的含量与植物器官和花期有关，大部分代谢物在开花后期含量最高。由此看来，柳兰花是烯醇酯和三萜化合物的重要潜在来源材料，在其药用机理研究中，获得最佳次生代谢物和发挥治疗活性均有重要意义。

上述研究为柳兰临床应用提供了一定的科学数据支撑和理论依据。

6.2 抗逆机制

弱光、干旱以及盐分胁迫对植物生长发育、光合特性以及生理功能产生抑制作用，极大限制了植物正常的生命活动。

叶星等（2024）研究了盐、旱胁迫对柳兰种子萌发及其幼苗生理特性的影响，从赤霉素（GA3）处理、干旱（PEG-6000）胁迫和盐（NaCl）胁迫对柳兰种子萌发影响中，GA3 浓度为 100 ~ 200 mg/L 时，柳兰种子发芽率和发芽势均随 GA3 浓度升高而增加，但当浓度 > 200 mg/L 时，其发芽势和发芽率呈下降趋势。随着 PEG-6000 和 NaCl 浓度的增加，柳兰幼苗超氧化物歧化酶、过氧化物酶和过氧化氢酶活性显著升高，与胁迫程度呈极显著正相关。因此，不同浓度 NaCl 和 PEG-6000 处理组间柳兰种子发芽率和发芽势差异显著（$P < 0.05$），萌发率随着 NaCl 和 PEG-6000 浓度的升高逐渐下降，当 NaCl 浓度 > 150 mmol/L 或 PEG-6000 浓度 > 15% 时，柳兰种子不能萌发。

张才军（2024）在不同盐胁迫处理对毛脉柳兰萌发与苗

期生长的影响研究发现，毛脉柳兰具有一定的耐盐性，但不适宜在高盐含量的土壤种植。研究结果表明，2% NaCl 胁迫下，毛脉柳兰的可溶性蛋白、丙二醛、超氧化物歧化酶含量降低；随着盐浓度上升和胁迫时间延长，其可溶性蛋白、丙二醛、过氧化物酶、超氧化物歧化酶含量增加，且净光合速率、蒸腾速率和气孔导度急剧下降；赤霉素处理以及 pH 值调节能影响毛脉柳兰的萌发。进一步研究结果表明，200 mg/L 赤霉素处理 12～24 h 能够提高萌发率；而 pH=8.5 时，毛脉柳兰萌发率最高，但子叶展开后，25℃±15℃的变温条件和酸性土壤环境适于毛脉柳兰幼苗生长。这一特性也解释了毛脉柳兰在碱性工程沙土上快速萌发成为先锋植物的原因，因此在盐碱地治理中，柳兰具有很大的开发应用潜力。

徐绍罡（2023）研究柳兰对弱光、干旱及盐分胁迫的抗性时发现，随着弱光胁迫程度的增加以及胁迫时间的延长，柳兰的光合速率降低，使其有机物质的合成速率降低，若处于长时间的弱光胁迫中，会直接对柳兰植株生长产生抑制作用。研究结果表明，30% 弱光胁迫对柳兰生长发育影响不大，但 50% 及以上的弱光胁迫对柳兰影响较大，会造成其生长不良，进而影响柳兰的观赏等价值。干旱胁迫条件下，随着干旱胁迫程度的增加以及胁迫时间的延长，柳兰的株高、叶绿素含量、净光合速率、蒸腾速率、气孔导度、胞间 CO_2 浓度、F_m（最大荧光）、F_v/F_m（最大光化学量子效率）、可溶性糖含量呈下降的趋势，而 F_o（最小荧光）、NPQ（非光化学淬灭）、qN（非光化学淬灭系数）、相对电导率、丙二醛、游离脯氨酸、可溶性蛋白、SOD（超氧化物歧化酶）、POD（过氧化物酶）以及 CAT（过氧化氢酶）呈上升趋势。柳兰可以适应土壤相对含水量为 60% 的生长环境。在盐分胁迫研究中，随着盐分胁迫程度的增加以及胁迫时间的延长，柳兰的株高、净光合速率、蒸腾速率、气孔导度、胞间 CO_2 浓度、F_m、F_v/F_m 有一定程度的下降，而 F_o、NPQ、qN、相对电导率、丙二醛、游离脯氨酸、可溶性蛋白、SOD、POD 以及 CAT 的含量呈上升趋势，同时叶绿素、可溶性糖的含量呈先升高后下降的趋势。盐分胁迫造成柳兰叶片发黄皱褶、叶脉颜色变深等现象。3% 的盐分胁迫，就会直接造成柳兰植株的全部死亡，同时 2%、3% 的盐分胁迫会导致一年生柳兰死亡，而柳兰在受到 0.5%、1% 的盐分胁迫时，柳兰植株内部会通过自身的调控，进而适应盐分胁迫。

以上研究结果为柳兰抗逆性评价提供了科学依据。

6.3 栽培技术

柳兰繁殖方式中，目前已应用的有种子繁殖、分株繁殖、扦插繁殖、组织培养等栽培技术。

蔺予曼等（2018）对柳兰的引种栽培及种子特性研究表明，野生种子的发芽势和发芽率均高于栽培种子，并且柳兰栽培种子播种前适宜的浸种温度为 20℃，野生种子为 30℃。张文杰等（2021）在柳兰规范化栽培技术中指出，柳兰分株繁殖在春秋两季均可进行，分株时应将地下横走根状茎挖出，切割成若干段埋入地下，埋深 5～8 cm，覆细土压实后浇水，即可长成新的植株。秋季分株时应带好土球，剪去上部茎干，减少蒸腾作用。

张帅（2024）对柳兰扦插生根研究过程中发现，插穗内的营养物质含量和相关酶活性有明显变化。可溶性糖和可溶性蛋白含量自扦插开始到生根前逐渐下降，不定根生成后，可溶性糖和可溶性蛋白含量逐渐增加。IAAO（吲哚乙酸氧化酶）活性在生根前逐渐增加，不定根生成时迅速下降至最低点，然

后逐渐升高；POD 活性和 PPO（多酚氧化酶）活性则在不定根生成前逐渐升高，在根系生成时达到最高，然后逐渐下降。柳兰插穗生根属于混合生根型，既有愈伤组织生根，又有皮部生根。此外，对柳兰矮化剂摘心处理实验表明，矮化剂的矮化效果最佳，所得柳兰植株矮化效果理想，株型紧凑，提高了柳兰的观赏价值，适合柳兰的矮化栽培。

张文杰等（2024）在柳兰组织培养技术研究中发现，以柳兰的叶片、叶柄、嫩茎和根 4 个部分为外植体，筛选出柳兰组织培养的最佳外植体，以 1/2 MS 为基本培养基，添加不同浓度的 6-BA 和 NAA。结果表明，柳兰初代培养最佳的外植体为嫩茎，MS+6-BA 0.5 mg/L+NAA 0.1 mg/L 为最适腋芽萌发培养基；MS+6-BA 1.5 mg/L+NAA 0.1 mg/L 为腋芽增殖最适培养基；1/2 MS+NAA 0.1 mg/L 为最佳的生根培养基。此研究结果为柳兰资源的保护和开发利用提供理论和技术支持，同时为建立柳兰的组织培养技术体系及遗传转化体系奠定了重要基础。

6.4 遗传多样性

遗传多样性对于保护濒危物种、维护生态平衡具有重要意义。它为物种的进化提供了丰富的遗传材料，是物种适应环境变化的基础。遗传多样性还能够促进新性状的形成，为物种适应不断变化的环境提供可能。此外，遗传多样性对于改良物种品种、提高物种的抗逆性、实现高产量和高品质具有重要作用。

弭瑞（2021）基于微卫星标记的柳兰群体遗传学研究中，共采集柳兰 40 个自然种群 959 个个体，研究结果表明，柳兰具有较高的遗传多样性水平，同时环境适应力高。从细胞型角度分析，遗传多样性水平最高的是四倍体，其次为二倍体，最低的是六倍体。而有效种群大小随细胞型的倍性升高而增大。分子方差分析、Bayesian 聚类、UPGMA 聚类和 PCoA 分析都表明，种群在大洲之间有较大的遗传分化，细胞型之间遗传分化较小。偏 Mantel 检验和随机化多元回归分析结果表明，种群之间的遗传距离与地理距离显著相关，但与环境距离及倍性差异无关，即遗传结构只符合距离隔离模式。以上结果表明，不同细胞型之间存在潜在的基因流。

王同程（2022）基于简化基因组测序探究多倍化对柳兰 33 个种群 309 个个体种群分化和适应性的影响，研究中鉴定到了 10 个二倍体种群、16 个四倍体种群和 7 个六倍体种群。GBS 简化基因组测序分析最终得到 29078 个高质量变异位点，柳兰群体整体遗传多样性水平较高。柳兰不同倍性种群间的遗传多样性中，六倍体种群最大，其次为四倍体种群，二倍体种群最小。$K=2$ 时为最优分组，柳兰种群可以大致分为北部聚类群和南部聚类群，PCA 分析从南部聚类群中区分出了新疆地区种群。柳兰种群不同分组间的 AMOVA 分析，不同群体间的遗传分化较小。基于高低海拔分组的种群间遗传分化和不同倍性分组柳兰种群间的遗传分化均较弱。种群生态位模拟结果发现，影响柳兰潜在分布区的气候因子中，年平均气温、最暖月最高气温和年平均降水量贡献最大，这与廖成松等（2018）和陈志婧等（2021）对于柳兰生长对环境因子的影响研究结果较为相似。梯度森林分析表明，气候环境变量中，年平均气温、降水量季节变化、气温平均日差和年降水量对柳兰群体等位基因频率的影响较大。种群遗传变异随环境梯度的累积重要性显示，柳兰二倍体种群，降水量季节变化在 100%～110%，最冷月份的最低气温在 −22～−20℃；四倍体种群，年平均

气温在 0 ～ 1℃，最暖月份最高气温在 22 ～ 24℃；六倍体种群，年平均气温在 2 ～ 3℃，年降水量在 350 ～ 400 mm，降水量季节性变化在 95% ～ 100%，等位基因组成变化剧烈。

  综上所述，研究表明细胞型之间的基因流可能在塑造混合倍性物种的遗传多样性和遗传结构中发挥着重要作用。此外，多倍化不仅提高了柳兰种群的遗传多样性，还改变了柳兰对不同环境的适应。不同倍性的柳兰种群形成了独特的温度、降水环境因子适应策略，而且多倍体柳兰种群可以适应更温暖、更湿润的环境，进一步揭示了多倍化对于生物进化的重要价值。

参考文献

安会敏, 尹鹏, 欧阳建, 等, 2024.2022 年茶叶加工技术研究进展 [J]. 中国茶叶, 46 (1): 14–21.

陈蕊, 2014. 陕西旅游景区生态景观的特色化设计初探 [J]. 西北林学院学报, 29 (1): 239–243.

陈志婧, 冯伟, 哈斯其木格, 等, 2021. 内蒙古野生柳兰土壤生境因子和环境因子研究 [J]. 安徽农业科学, 49 (5): 119–121.

崔凯峰, 武耀祥, 栾艳新, 等, 2006. 长白山区柳兰的开发利用及园艺栽培技术 [J]. 中国野生植物资源, 25(5):27–28,56.

邓婷婷, 2020. 柳兰花粉颜色多态性及其传粉生态学的初步研究 [D]. 武汉: 华中师范大学.

冯道, 黄显进, 刘羽, 等, 2024. 六盘水地区魔芋软腐病病原菌鉴定及侵染特性研究 [J]. 中国蔬菜 (2): 68–77.

傅金红, 2024. 浅谈园林植物种植与病虫害的综合治理 [J]. 河南农业 (4): 33–35.

郭勇庆, 张英杰, 刘月琴, 2008. 养羊业非常规秸秆饲料资源开发利用研究 [C]// 中国畜牧兽医学会养羊学分会. 全国养羊生产与学术研讨会议论文集（2007—2008）. 河北农业大学动物科学院: 66–68.

韩伟, 2023. 玉米褐斑病发生特点与防治技术 [J]. 现代农村科技 (10): 45–46.

韩阳阳, 廖成松, 2021. 不同提取溶剂对柳兰化学成分的影响 [J]. 安徽农业科学, 49 (19): 151–156.

韩阳阳, 廖成松, 唐超, 等, 2023. 柳兰化学成分及药理作用研究进展 [J]. 安徽农业科学, 51 (15): 1–6.

何桂芳, 何涛, 2011. 柳兰的园林应用及栽培管理技术 [J]. 青海大学学报 (自然科学版), 29 (3): 62–65.

纪汉文, 1992. 柳兰的引种栽培 [J]. 国土与自然资源研究 (1):73.

姜韬, 宋瑞丰, 黄婕, 等, 2012. 柳兰育苗技术研究 [J]. 安徽农学通报 (下半月刊), 18 (16): 121–122.

康健, 2011. 柳兰在哈尔滨地区引种适应性及繁殖技术研究 [D]. 哈尔滨 : 东北林业大学 .

康健, 权曼曼, 洪波, 2011. 柳兰在哈尔滨地区引种适应性研究 [J]. 中国野生植物资源, 30(4):70–74.

李红蝶, 肖田, 李亦龙, 等, 2024. 茶树花的功能成分及相关产品研究进展 [J]. 食品安全质量检测学报, 15 (6): 117–123.

李喜恩, 2012. 中国内蒙古森工集团内蒙古大兴安岭林管局志 [M]. 呼伦贝尔 : 内蒙古文化出版社 .

廖成松, 冯伟, 赵静漪, 等, 2018. 野生柳兰生长与主要气候因子关联分析 [J]. 安徽农业科学, 46 (14): 166–167,181.

廖成松, 何广礼, 2016. 柳兰研究现状与展望 [J]. 安徽农业大学学报, 43 (4): 658–661.

蔺予曼, 白瑞琴, 鱼泳, 等, 2018. 柳兰的引种栽培及种子特性研究 [J]. 内蒙古农业大学学报 (自然科学版), 39 (5): 15–21.

刘欢, 李雪萍, 刘玉晓, 等, 2020. 太白山地区野生植物柳兰开花生物学特性研究 [J]. 现代农业科技 (8):132–133,143.

刘爽, 周思雨, 邓莉清, 等, 2016. 柳兰内酯甲素 : 柳兰中分离的一个新的异香豆素 [J]. 药学学报, 51(3):408–410.

柳婧璇,金建明,吴华,2024.化妆品植物原料(Ⅶ)——抗真菌的植物原料的研究与开发[J].日用化学工业(中英文),54 (3): 259–266.

吕寻,2004.柳兰的栽培与管理[J].特种经济动植物 (9):30.

弭瑞,2021.基于微卫星标记的混合倍性物种柳兰的群体遗传学研究[D].西安:西北大学.

倪昌谋,2024.浅述茉莉花茶加工技术和吸香机理[J].福建茶叶,46 (3): 15–17.

权春梅,王婧,胡业慧,等,2023.芍花鲜花饼的研制与工艺优化[J].农产品加工 (7): 45–49.

权曼曼,2010.柳兰生物学特性研究[D].哈尔滨:东北林业大学.

权曼曼,康健,武晓娜,等,2010.柳兰传粉生物学研究[J].北方园艺 (13):152–154.

任伊,2023.食用花卉产品开发及品牌创新设计研究[D].北京:中国美术学院.

庹云合,杨中铎,郭钦,2025.柳兰内生真菌 *Chaetomium globosum* 的化学成分研究[J].化学工程与装备 (1): 14–17.

王兵,刘亚兵,石晶,等,2013.宁夏野生花卉植物柳兰生物学特性及开发利用研究[J].农业科技通讯 (2):212–216.

王虹,阿不都拉·阿巴斯,吴晶,等,1999.柳兰花蜜腺的发育解剖学研究[J].新疆大学学报,16(2): 58–60.

王楠,2017.大豆蚜虫病的防治措施[J].农民致富之友 (9): 60.

王同程,2022.基于简化基因组测序探究多倍化对柳兰种群分化和适应性的影响[D].西安:西北大学.

文天崇,乾朝阳,李布野,2024.植物组织培养外植体灭菌技术研究进展[J].现代农业科技 (13): 72–76.

吴双,杨志英,杨蕤,等,2023.茶叶斑病病原菌的鉴定及生长特

性研究 [J]. 山地农业生物学报, 42 (4): 10-17, 32.

邬张颖, 徐凡舒, 钟依妮, 等, 2020. 绿萝叶腐病病原菌 16S rDNA 序列的克隆与分析 [J]. 贵州农业科学, 48 (1): 99-103.

邢震, 刘灏, 张启翔, 等, 2011. 色季拉山柳兰属观赏植物资源调查及网脉柳兰育苗技术研究 [J]. 中国野生植物资源, 30 (5): 70-74.

徐绍罡, 2023. 柳兰对弱光、干旱及盐分胁迫的抗性研究 [D]. 沈阳: 沈阳农业大学.

杨义波, 2008. 长白山区野生宿根花卉引种与应用初报 [J]. 北方园艺 (7):172-173.

叶星, 李容榕, 林鹏程, 等, 2024. 盐旱胁迫对柳兰种子萌发及其幼苗生理特性的影响 [J]. 中国野生植物资源, 43 (S1): 1-6.

于成文, 秦绪栋, 王明祥, 等, 2013. 绿化植物柳兰人工栽培技术 [J]. 中国林副特产 (5): 61-62.

余传隆, 黄泰康, 丁志遵, 等, 1993. 中药辞海 (一)[M]. 北京: 中国医药科技出版社.

张才军, 2024. 不同处理对毛脉柳兰萌发与苗期生长的影响 [D]. 林芝: 西藏农牧学院.

张金魁, 林鹏程, 王志波, 等, 2022. 藏药柳兰中黄酮类成分研究 [J]. 中国民族民间医药, 31 (23): 41-45.

张帅, 2024. 柳兰的生物学特性及扦插与矮化技术的研究 [D]. 沈阳: 沈阳农业大学.

张文杰, 韩旭, 王建国, 等, 2021. 柳兰规范化栽培技术 [J]. 园艺与种苗, 41 (11): 58-59.

张文杰, 任杰, 任美玲, 等, 2024. 柳兰组织培养技术研究 [J]. 现代园艺, 47 (5): 69-70, 74.

中国科学院中国植物志编辑委员会, 2000. 中国植物志 [M]. 北京:

科学出版社.

钟双林, 史骥清, 吴雅, 等, 2014. 柳兰扦插繁育技术研究 [J]. 现代农业科技 (7): 179–180.

朱慧颖, 金通, 2023. 中国传统制茶技艺述略与价值阐释 [J]. 中国非物质文化遗产 (4): 89–95.

ABUDAYEH Z H M, AZZAM K M A, KARPIUK U V, et al., 2016. Isolation, identification, and quantification of lectin protein contents in *Chamerion angustifolium* L. dried raw material and the study of its activity using ratuserytro agglutination[J]. International Journal of Pharmacy and Pharmaceutical Sciences, 8(2):150–153.

EFFERTH T, OESCH F, 2021. Repurposing of plant alkaloids for cancer therapy: pharmacology and toxicology[J]. Seminars in Cancer Biology, 68: 143–163.

HIERMANN A, REIDLINGER M, JUAN H, et al., 1991. Isolation of the an tiphlogistic principle from Epilobiumangus–tifoium[J]. Planta Medica, 57(4): 357–360.

IVANAUSKAS L, UMINSKA K, GUDŽINSKAS Z, et al., 2023. Phenological variations in the content of polyphenols and triterpenoids in *Epilobium angustifolium* herb originating from Ukraine[J]. Plants (Basel), 13(1):120.

KAMKIN V, KAMAROVA A, SHALABAYEV B, et al., 2022. Comparative analysis of the efficiency of medicinal plants for the treatment and prevention of COVID–19[J]. International Journal of Biomaterials, 10:5943649.

LIAO C, BAO M, HASI Q, et al., 2022. The study of ethanol extract of *Epilobium angustifolium* L. on blood sugar level in type Ⅱ diabetic rats[J]. Pakistan Journal of Pharmaceutical Sciences, 35(2):425–433.

MCCOLL J, 2002.Willowherb (*Epilobium angustifolium* L.):biology, chemistry, bioactivity and uses[J].Agro Food Industry Hi-Tech, 13(3): 18-22.

MOSQUIN T,1996.A new taxonomy for *Epilobium angustifolium* L.(Onagraceae)[J]. Brittonia,18:167-188.

RAVEN P H,1962.The genus *Epilobium* in the Himalayan region[J]. Bulletin of the Natural History Museum Botany,2:327-382.

RISCHER H, SZILVAY G R, OKSMAN-CALDENTEY K M, 2020. Cellular agriculture:industrial biotechnology for food and materials[J]. Current Opinion in Biotechnology, 61:128-134.

SPIRIDONOV N A, ARKHIPOV V V, FOIGEL A G, et al.,1997. Cytotoxicity of *Chamaeneriun angustifolium* (L.) scop and *Hippophase rhamnoides* L.taninsand their effect on mitochondrial respiration[J].Klinicheskaya Farmakologiya,60 (4): 60-63.

YANG Z D,ZHANG X D,YANG X,et al.,[2022-03-17].A norbisabolane and an arabitol benzoate from Talaromyces marneffei, anendophytic fungus of *Epilobium angustifolium*[J/OL].Fitoterapia. https://www.medsci.cn/sci/show_paper.asp?id=5222e1c16e131613.